NATIVE BRITISH TREES by Andy Thompson
© Wooden Books Limited
© Text 2005 by Andy Thompson

Japanese translation published by arrangement with
Alexian Ltd. through The English Agency (Japan) Ltd.

本書の日本語版版権は、株式会社創元社がこれを保有する。
本書の一部あるいは全部についていかなる形においても
出版社の許可なくこれを使用・転載することを禁止する。

# イギリスの美しい樹木

## 魅力あふれる自生の森

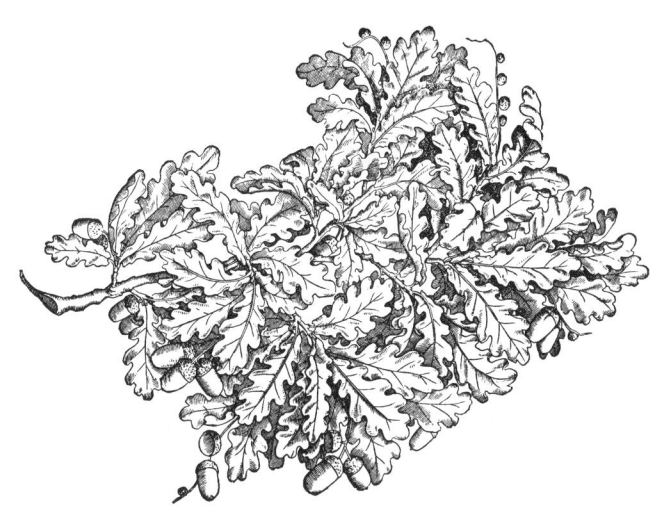

アンディ・トンプソン 著

ルーシー・フィリップス 補画

山田 美明 訳

本書を妻のアニーと家族に捧げる。この小図鑑の作成に手を貸してくれたルーシー・フィリップスとジョン・マーティヌーに感謝したい。

興味がある読者には以下の書籍をお勧めする。*Trees in Europe and North America* by Roger Phillips, 1978（ロジャー・フィリップス著『ヨーロッパと北アメリカの樹木』1978年）、*Trees and Woodland in the British Landscape* by Oliver Rackham, 1976（オリヴァー・ラッカム著『イギリスの景観における樹木と森林地帯』1976年）、*The Tree Book* by J.Edward Milner, 1992（J・エドワード・ミルナー著『木の本』1992年）。大半の描画は、以下の書籍から転載した。*Silva* by John Evelyn, 1776（ジョン・エヴリン著『樹木』1776年）、*Commentaries on the Six Books of Dioscorides* by Mattiolti, 1563（ピエトロ・アンドレア・マッティオーリ著『ディオスコリデス著「薬物誌」解説』1563年）。

# もくじ

| | |
|---|---|
| はじめに | *1* |
| セイヨウトネリコ | *4* |
| ヨーロッパナラ／フユナラ | *6* |
| セイヨウハルニレ／ヨーロッパニレ | *8* |
| ヨーロッパブナ | *10* |
| セイヨウシデ | *12* |
| ヨーロッパグリ | *14* |
| フユボダイジュ（コバノシナノキ）／ナツボダイジュ | *16* |
| コブカエデ | *18* |
| ヨーロッパシラカンバ(ヨーロッパダケカンバ)／シダレカンバ(オウシュウシラカンバ) | *20* |
| セイヨウニワトコ | *22* |
| ホワイトビーム | *24* |
| カエデバアズキナシ | *26* |
| ヨーロッパナナカマド(セイヨウナナカマド) | *28* |
| セイヨウハシバミ | *30* |
| イケガキセイヨウサンザシ | *32* |
| クロサンザシ(スピノサスモモ) | *34* |
| ヨーロッパカイドウ | *36* |
| セイヨウミザクラ | *38* |
| セイヨウヤマハンノキ | *40* |
| クロヤマナラシ(ヨーロッパクロヤマナラシ) | *42* |
| ヨーロッパヤマナラシ | *44* |
| ヨーロッパシロヤナギ(セイヨウシロヤナギ)／ポッキリヤナギ | *46* |
| バッコヤナギ／ハイイロヤナギ | *48* |
| セイヨウヒイラギ | *50* |
| ヨーロッパアカマツ | *52* |
| セイヨウネズ | *54* |
| ヨーロッパイチイ | *56* |

ワイルドペア
英名：wild pear
学名：*Pyrus pyraster*

ピラミッド形の樹冠を形成する比較的希少な木。20メートル近くまで成長し、とげのある枝を持つ。ヨーロッパカイドウ(36頁参照)よりも温暖な気候を必要とし、軽量の土壌が厚く堆積した土地を好む。白い花から丸い実が生り、森の動物や鳥のえさとなる。

# はじめに

　木は、景色の中でもひときわ目立つ存在だが、あまり気にかけられることはない。それでも木は、日光を遮って陰を作り、風や雨をしのぐ場所を与えてくれる。葉で生命に必要な酸素を生み出し、土壌を豊かにし、無数の野生生物に食べ物やすみかを提供してくれる。

　人間はこれまで、さまざまな形で木を利用してきた。その幹は、きわめて貴重な建築資材にも、暖をとるための薪にもなる。木の実や果実は食べ物になる。そこに含まれる成分は薬になる。その美しく優雅なたたずまいは、見る者の心を癒す。

　イギリスでは、これらの木は氷河期に一度姿を消した。そして氷河が後退するにつれ、自生樹木が再びイギリスの土地の大半を覆うようになった。本書で紹介している木は、いずれもこの自生種である(古代に移植されて定着した木も含む。ヨーロッパグリは外来種だが、かれこれ2000年以上も前からイギリスの地で生まれ育っている)。現在イギリスに生えているそのほかの木はすべて、園芸用、木材用、食用として人間がイギリスに持ち込んだものである。

以下に、一般的な外来樹木とそのおおよその到来年代を挙げてみよう。

| 和名 | 英名 | 学名 | 到来年代 |
|---|---|---|---|
| セイヨウカジカエデ | sycamore | *Acer pseudoplatanus* | 1250年ごろ |
| ペルシャグルミ | walnut | *Juglans regia* | 1400年ごろ |
| スズカケノキ | plane | *Platanus orientalis* | 1580年ごろ |
| モミ | fir | *Abies* sp. | 1600年ごろ |
| セイヨウトチノキ | horse chestnut | *Aesculus hippocastanum* | 1600年ごろ |
| ヨーロッパカラマツ（オウシュウカラマツ） | larch | *Larix decidua* | 1629年ごろ |

　ヒマラヤスギやセコイアがイギリスで見られるようになったのも、外来樹の収集熱が高まりを見せた18世紀以後のことである。この時期以後になると木は、景観の中で重要な役割を果たすようになり、土地の境界の印としてだけでなく、景観デザインの素材としても利用されることになる。

　イギリスの自生種の今後の運命は、人間が木をどう利用していくかにかかっている。貴重な資材を提供してくれる植林地や森林は、萌芽更新（木を根元で伐採し、根株からの萌芽を促す方法）や伐採・植樹のサイクルを繰り返すことで、商業的に維持できる。そうなれば木は、限りなく多様な素材をいつまでも供給してくれる。その素材は、椅子や家屋ばかりでなく、無数の利点、色、形式を持つさまざまな品々を生み出す。

　木はまた、あらゆる時代を通じて薪として利用されてきた。本書では、それぞれの木の燃焼特性についても説明している。心地よい炎を上げる薪は体も心も温めてくれるが、湿っていて煙ばかり出る薪は体にも心にもよくない。

　木炭についても触れないわけにはいかない。木炭とは、酸素を制限し、木材を部分燃焼させて作った高温燃料であり、人間の産業発展には欠かせないものだった。木炭に適した樹種の森林では、広大な土地が木炭を生産するためにのみ管理され、金属の精錬に使用された。現在では主に、煙の出ない調理用燃料としてバーベキューなどに利用されているが、そのほかの用途については本文を参照してもらいたい。

　木はさらに、美しい景観を作り出す。高さにより美しい層を形成し、さまざまな眺望、色、おもむきを持つ森林や、地平線上に生えているヨーロッパアカマツの弧木など、木は見る者を和ませ、その思索の源泉となる。都会でも、木陰や色、さまざまな生物の生息環境を生み出し、単調な街並みに変化をもたらす。そんな木は、これからもずっと人間にとって大切な存在であり続けることだろう。

ポーイス州カスコブにて

# セイヨウトネリコ

英名：ash
学名：*Fraxinus excelsior*

　ヴァイキングにとっては木々の王であり、その根は地獄に、枝は天にまで達するという（樹高は35メートル以上）。弧木でも強風に吹き倒されることはまずない。

　葉は茂るのが遅く、散るのが早い。しかもまだらな影を投げかける程度なので、この木の森林には地表に豊かな植物相が形成される。

　登るには厄介な木だが、刈り込みに強く、何世紀にもわたり定期的に枝を落としたり幹を切ったりして萌芽更新が行われてきた。驚くほど成長が速く、丈夫で弾力性に富む木材となる。冬に伐採すれば、製材も乾燥も容易である。

　木材は、自動車の部品、さまざまな用具の柄、スポーツ用品に使用される。

　薪としても質がよく、枝のない幹の部分は容易に割れる（伐採の際には注意が必要）。乾燥していなくてもよく燃える。

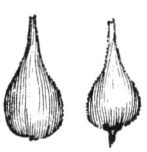
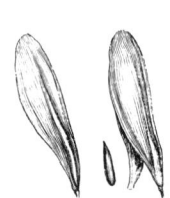

# ヨーロッパナラ／フユナラ

英名：oak
学名：*Quercus robur / Quercus petraea*

　イギリスで頻繁に目にする広葉樹で、太古の時代から主要な木材として利用されてきた。イギリスに自生するこの2種は近縁種であり、雑種を作ることもある。5月初めに花を咲かせた後に葉を茂らせ、なじみのドングリは秋に生る。ドングリは6～7年おきに豊作となり、その年の春にはそれだけ花も多い。

　しばしば8月初めごろにもう一度、ラマスシュート（土用芽）と呼ばれる若葉を広げる。毛虫やイモ虫に食べ尽くされてしまった葉を復活させるためである。こうして多種多様な昆虫を含め、ブリテン諸島に生息する無数の無脊椎生物の生活を支えている。キノコ類の生育にもなくてはならない木である。

　木材は、建物、柵、建具、ボートなどさまざまな用途に利用され、きわめて耐久性が高い。春にはいだ樹皮は、動物の皮をなめし、高級革を作るために使われる。

　薪はゆっくりと燃える。刀鍛冶に最適の木炭になる。

# セイヨウハルニレ／ヨーロッパニレ

英名：elm
学名：*Ulmus glabra / Ulmus procera*

　木陰を作る、典型的な形をした大型の木。本来はスコットランド低地地方を原産とするこの2種に分類され、雑種を生むことも多い。1970年代半ばまでは、イギリスの田舎に数多く見られた。

　しかし現在では、立枯病によりほとんどが失われ、ウェールズやスコットランドの隔絶された谷間にわずかに残るだけとなっている。おびただしい吸枝（地下茎から出た枝）を伸ばすため、それが種の生き残る鍵となるかもしれない。実際、かつて森の主役だったこの木も、5000年ほど前に絶滅の危機に瀕したことがあった。

　太い幹は優良な木材になる。製材は容易だが割れに強いため珍重され、車輪のハブ、椅子の座部、棺の板などに好んで用いられた。水の中でも耐久性が持続するため、船底、導管、杭にも利用された。

　乾燥した木材から作る木炭には、数多くの薬効がある。伐採したばかりの木の内皮は食べられ、胃もたれや胃痛に効く。

　完全に乾燥させなければ、薪には不向きである。

# ヨーロッパブナ

英名：beech
学名：*Fagus sylvatica*

　各地に数多く植樹されている。孤木は巨大な樹冠を形成し、下に濃い陰を作る。茂った葉が日光をしっかりと遮断してしまうため、昔からの群生地には雑草があまり生えない。そのため地面には、きわめて良質の腐葉土ができる。

　根が浅いため、地下水面が下がりつつある現在、巨木でも早いうちから枝枯れを起こし、主要な群生地は縮小傾向にある。嵐などでなぎ倒されることも多い。

　春につける明るい緑の若葉は、食べられるが、濃い緑になった葉は、食べられない。

　木材は木目が細かく、堅く丈夫である。伐採した時はきわめて重い。曲げに適しているため昔から家具に重宝され、椅子の脚や背もたれなど、部分的によく利用される。色彩に富み磨耗しにくいため、床材としても優れている。

　若木は緑色に燃えるが、よく乾燥させれば心地よい明るい炎を上げる。

# セイヨウシデ

英名：hornbeam
学名：*Carpinus betulus*

　丸い樹冠を持つ中型の木。ヨーロッパブナに似ているが、葉は縁がギザギザで、古木になると幹がねじれ、縦溝が入るようになる。

　南部でよく見られる。かつては重宝され、定期的に枝の刈り込みを行って管理していた。頻繁な刈り込みに強く、木の一部が陰になっていてもよく育つので、庭の生け垣に利用される。

　木材はきわめて重く、丈夫である。かつては2頭の牛をつなぐくびきに用いられたほどで、英名のhornは牛の角を、beamはその牛をつなぐ木材を意味する。磨耗に強いため、機械類の歯車、滑車、木槌、まな板、ピアノの一部に使われる。

　キャンドルウッドと呼ばれることもあるように、よく乾燥させると明るい炎を上げる。良質の木炭になる。

# ヨーロッパグリ

英名：chestnut
学名：*Castanea sativa*

　ローマ時代に地中海沿岸地域から持ち込まれた外来種だが、イギリス人にきわめて愛好され、現在ではほとんど自生種として扱われている。樹高が30メートルに達することもある大型の木で、太い幹を覆う灰色の樹皮には、らせん状の深い溝ができる。

　乾燥した夏が長く続くと、大きく育った木からは、焼くとおいしいクリが数多く収穫できる。

　広く萌芽更新が行われ、耐久性の高い若木は、杭、柵、杖、あるいはホップ栽培用の支柱など、さまざまな用途に利用されてきた。大きく育った後も、見栄えは少し悪いが、ヨーロッパナラやフユナラと変わらない良質な木材となる。

　目回り(年輪に沿って生じる円周状の割れ)や菌核病の被害を受けやすく、石灰にも弱いため、西部ではあまり見られない。北部でも次第に数が減少している。

　燃やすとぱちぱちと爆ぜ、薪には適さないが、木炭としては良質でよく燃える。

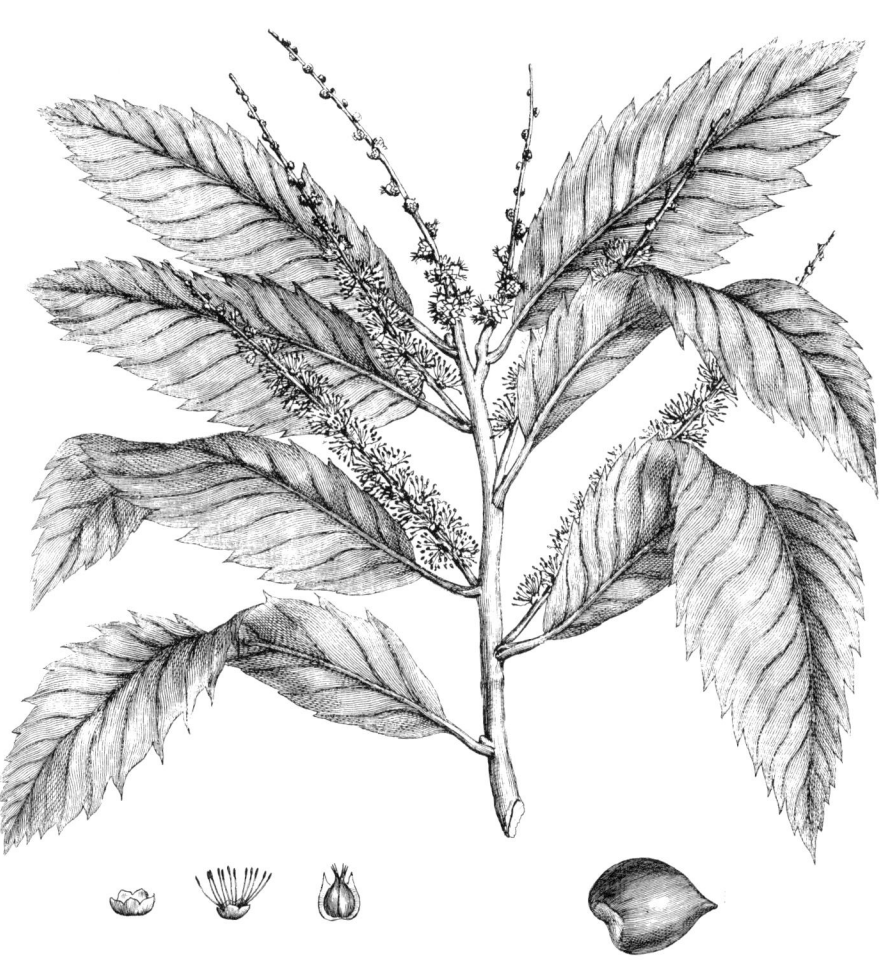

# フユボダイジュ／ナツボダイジュ
（コバノシナノキ）

英名：lime
学名：*Tilia cordata/Tilia platyphyllos*

　葉の小さいフユボダイジュと葉の大きいナツボダイジュは、どちらもイギリスの自生種である。フユボダイジュは、かつては現在よりも広く分布していた。現在一般的に見られるのは、この2種の雑種であるセイヨウボダイジュで、自然に生まれたものもあるが、多くはヨーロッパから移植されたものだ。

　かつては森林を構成する主要な樹木だった。イギリスの自生種の中では寿命が非常に長いうえ、樹高もきわめて高く、40メートルほどにまで達する。

　6月の終わりに匂いの強い花を咲かせる。その花蜜はミツバチの大好物だが、蜜の成分により酩酊状態に陥るミツバチも多い。この木によくつくアブラムシは、ねばねばする蜜を出すため、車を汚す虫として嫌われている。

　頻繁な刈り込みに強く、かつては広く萌芽更新が行われていた。現在も、街路樹として利用されているものは、管理の一環として頻繁に枝の刈り込みが行われる。

　木材としては、木目が均一で柔らかいので彫刻に最適である。ゆがまないため、ピアノの共鳴板にも利用される。

　薪は明るく燃え、木炭も質がいい。

# コブカエデ

英名：maple
学名：*Acer campestre*

　ドーム状の樹冠を形成する木で、曲がりくねった薄灰色の幹を持つ。小さな枝はたわみやすいため垂れ下がるが、成長するにつれ、いずれは上へ伸びていく。優美な切れ葉がついている葉柄をちぎると、白い液がにじみ出る。

　温暖な土壌の森林で見られるが、刈り込みに強いため、生け垣に利用されることも多い。

　従来広く萌芽更新が行われてきたが、一般的な鑑賞樹として植えられることもある。木材は茶色で木目が細かく、きわめて薄く加工できるため、剖物細工に適している。特に、こぶの多い丸太から切り出した木材は、鳥眼杢の化粧板として利用される。古くからハープの製造にも用いられる。

　刈り込んだ枝は良質の薪として使われた。春にはメープルシロップが採取できる。

　秋になるとオレンジ色に染まり、森に幻想的な色合いを添える。

# ヨーロッパシラカンバ／シダレカンバ
(ヨーロッパダケカンバ) (オウシュウシラカンバ)

英名：birch
学名：*Betula pubescens/Betula verrucosa*

　主にこの2種があるが、同一種と分類されることもある。

　見た目の人気が高く、春に薄緑、秋に黄と印象的な色合いを見せる葉、および白い幹は、数多くの風景画家を魅了してきた。

　氷河が後退して間もなく現れたことからもわかるように、ひどくやせた土地でも育ち、野火のように拡散していく。森林保護官はいまだに"雑木"と見なしているが、すぐに定着し、多様性に富む動物相を形成するため、環境保護活動家に好まれる。

　成熟した木は、菌類が引き起こすてんぐ巣病にかかりやすい。

　この木材は、ほかの木材が利用できない時にしか使われることはなかったが、セイヨウトネリコ並みに丈夫で、刳物細工や台所用品の材料に適している。枝ぼうきや競馬の障害競走に粗朶（そだ）が使われるため、現在でも盛んに萌芽更新が行われている。だが古木になると、頻繁な刈り込みには耐えられない。

　樹液は4月初めに採取され、独特の味わいのある酒の原料となる。

　薪は燃えやすく、明るい炎を発する。

# セイヨウニワトコ

英名：elder
学名：*Sambucus nigra*

　小型の木で、根元付近から頻繁に枝を伸ばす。窒素含有量の高い土壌であれば、住宅地であれゴミの山の近くであれ、どこでも繁茂する。不思議なことにハエがこの葉を嫌うため、乾燥して粉末にすれば効果的な防虫剤になる。

　ヨーロッパカラマツなどの材木用樹木の下で見る見る群落を形成し、瞬く間に定着する。抜群の成長力で繁茂して陰を作り、ほかの種を絶やしてしまうため、生け垣を作る際には取り除かれるのが普通である。

　小枝の髄は柔らかく、そこをくり抜くと豆鉄砲や筒、笛ができるため、子供の格好の遊び道具となる。

　強い匂いを発する散形花序の白い花を見れば、容易に見分けられる。日照の十分な木に咲いた花を水に漬けて発酵させれば、浅黄色のおいしい酒が作れる。一方、豊富に実る紫色の実からは、クラレットに似た最高の果実酒ができる。実にはビタミンCが豊富に含まれており、やや酸っぱいが、ハチミツを混ぜれば優れた咳止め薬になる。

　悪霊を払いのけると言われ、決して炭焼き窯に入れることはなかった。薪としても質が悪い。

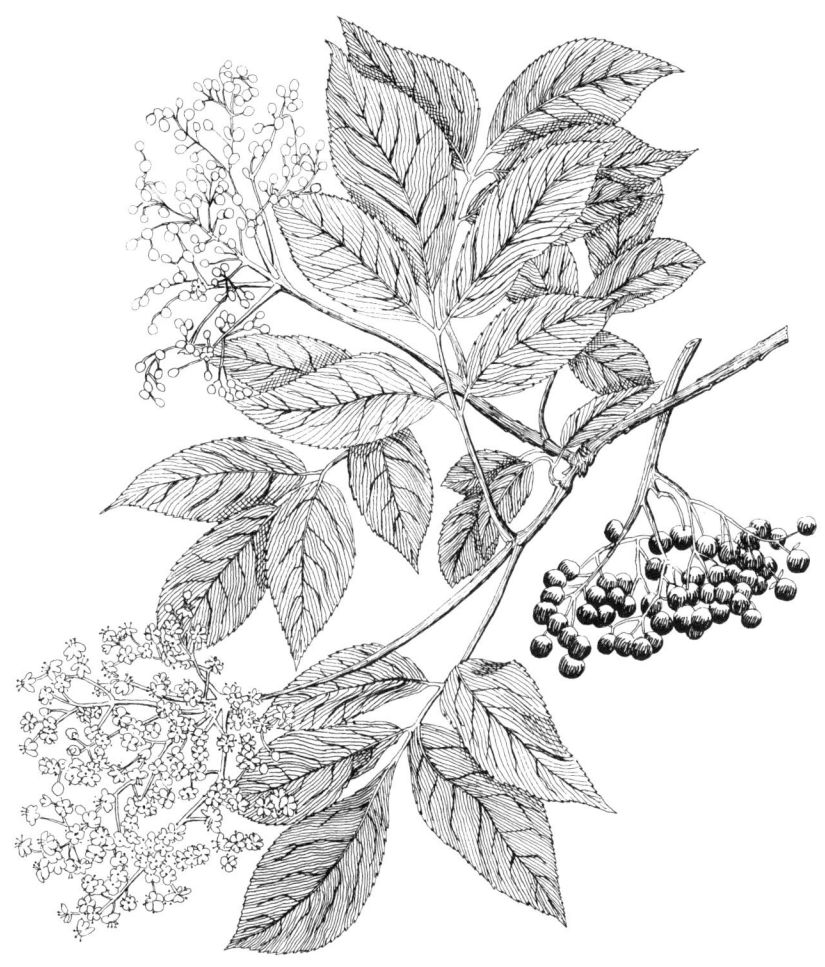

# ホワイトビーム

英名：whitebeam
学名：*Sorbus aria*

　10〜15メートルほどの小型の木。日当たりのいい暖かい場所を好み、白亜質あるいは石灰石質の丘の南側でよく見られる。

　都会のひどく汚染された環境でもよく育ち、見た目もいいことから、近年は広く植樹されるようになった。

　春以降になると、驚くほど大きな葉の裏に白い綿毛が生え、木全体を銀色に飾る。5月に甘い香りを放つ白い花を咲かせ、葉が黄色に染まる秋に赤い実が生る。実は、鳥やリスが好んでえさにする。

　熟しすぎた実は、ゼリーにしてシカ肉に添えられた。木材としては、小ぶりだが白く木目が細かいため、刳物細工や高級建具に利用された。

　乾燥させると、ゆっくりと燃える薪になる。

# カエデバアズキナシ

英名：wild service
学名：*Sorbus torminalis*

イギリスの自生種の中ではきわめて希少な小〜中型の木で、大きな樹冠を形成する。葉は、形も秋に色づくところもコブカエデに似ている。5月になると白い花でびっしりと覆われる。

樹皮にひびが入り、四角くはがれ落ちることから、チェッカー・ツリーとも呼ばれる。風変わりな味のする小さな茶色の実は、9月ごろに熟す。かつては、熟した実を摘み取った後、外にしばらく吊るしておいてから食べた。寒気にさらしておくと甘みが増すからである。この実はまた、下痢や疝痛に効くことで知られていた。

古代から存在する森林の指標とされる樹木だが、近年はかなり数を減らしている。成長が遅く、発芽も悪いためだが、場所によっては豊富に吸枝を出すこともある。

木材は重くて堅く、彫刻に用いられたほか、定規、計測器、楽器の部品に使われた。

希少種であり、再生に時間がかかり、萌芽更新にも耐えられないため、薪に使用すべきではない。

# ヨーロッパナナカマド
（セイヨウナナカマド）

英名：rowan
学名：*Sorbus aucuparia*

　イギリスではなじみの優雅な姿をした中型の木で、マウンテン・アッシュとも呼ばれる。枝は上方へ伸び、卵形の樹冠を形成する。

　5月に白い花を咲かせ、秋にエンドウ豆ほどの大きさの赤橙色の実をつける。野鳥がこれをついばむことで、種があちこちへ広まっていくのである。じつは、かつては野鳥を罠におびき寄せるために使われたが、ビタミンCを豊富に含み、ゼリーにして食べるとおいしい。

　昔から魔力を防ぐと言われ、魔女を追い払うため、家の外や教会の庭によく植えられていた。

　生け垣によく使われる。萌芽更新に適しており、刈った枝はさまざまな用途の棒や竿に利用される。

　黄灰色の木材は丈夫で弾力性に富み、さまざまな用具の柄や小型の彫刻細工など、幅広い用途に使用された。

　薪には不向きである。

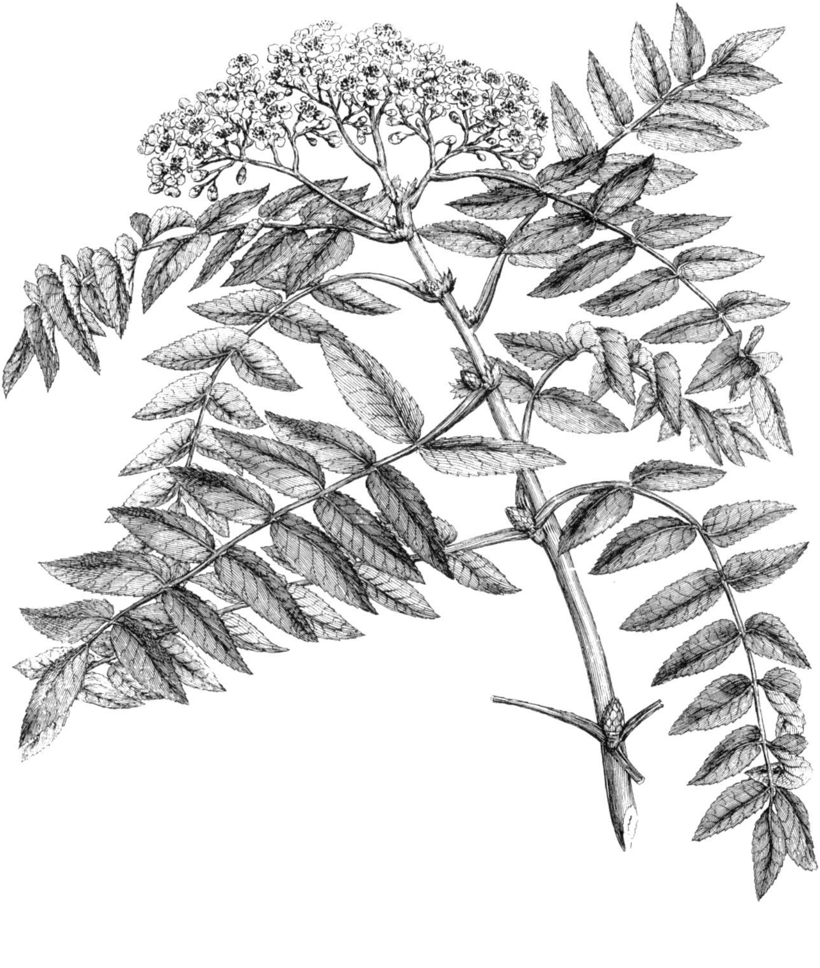

# セイヨウハシバミ

英名：hazel
学名：*Corylus avellana*

　氷河期終了直後からブリテン諸島に生えていたとされる最初期の自生種。生け垣によく使われる。日陰でもよく育ち、ヨーロッパナラやフユナラ、セイヨウトネリコの群生地で、材木用樹木の下に生えていることが多い。

　土壌さえよければ10メートルほどの高さまで成長し、幅広い樹冠を形成する。広く萌芽更新が行われており、刈り込んだ枝は、細く柔軟性に富むことから、編み合わせてさまざまな用具に利用されてきた。樹液の少ない冬に刈った枝で作った用具は、かなり長持ちする。

　2月には、子羊の尻尾のような尾状花序の花におおわれる。その花はやがておいしい実となるが、たいていの実は熟す前にハイイロリスに取られてしまう。

　地下の水脈を発見するために使う占い棒は、この木のものがいちばんいいとされる。大きく育った後は良質の木炭になる。薪としても明るく燃える。

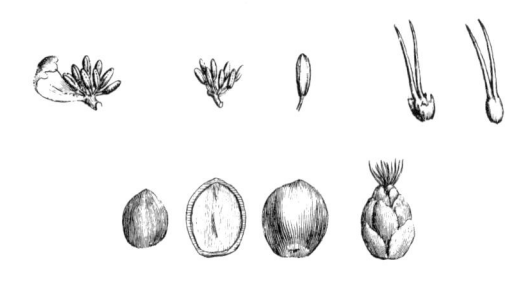

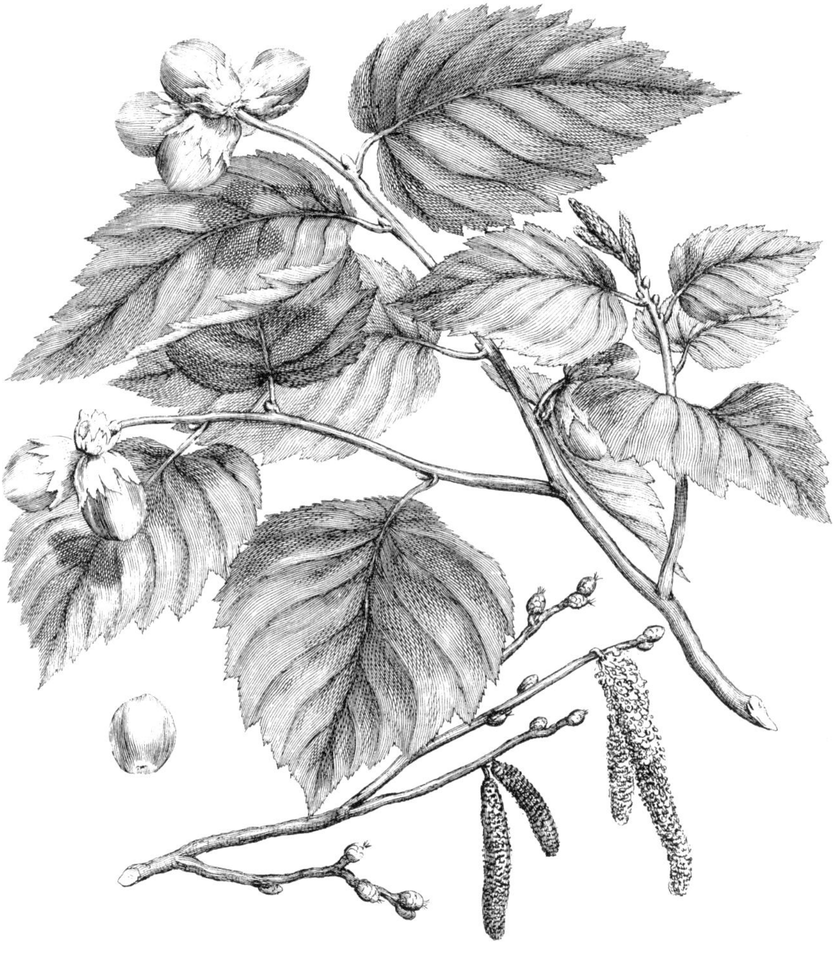

# イケガキセイヨウサンザシ

英名：hawthorn
学名：*Crataegus monogyna*

　イギリスではごく一般的な木である。
　生け垣用の植物としては成長が早いが、成木になるまでには時間がかかる。枝の絡み合った樹冠は数多くの鳥の格好のすみかとなっており、枝に鋭いとげがあるため、身を守るのに都合がいい。
　環境さえ整っていれば、かなりの長寿を誇る。
　5月に白い花を咲かせるため、メイあるいはホワイトソーンとも呼ばれる（ソーンはとげを意味する）。ただし、花を家に持ち込むことは縁起が悪いとされている。モグラのトンネルに、とげのついた短い枯れ枝を入れておけば、モグラの侵入を防ぐことができる。
　9月に熟す赤い実は、鳥の重要な食料になる。ゼリーや果実酒の原料にもなる。
　木材は堅く丈夫で、精巧な木工細工、化粧板、小さな用具の柄、木版などに利用される。
　良質の薪や木炭になる。

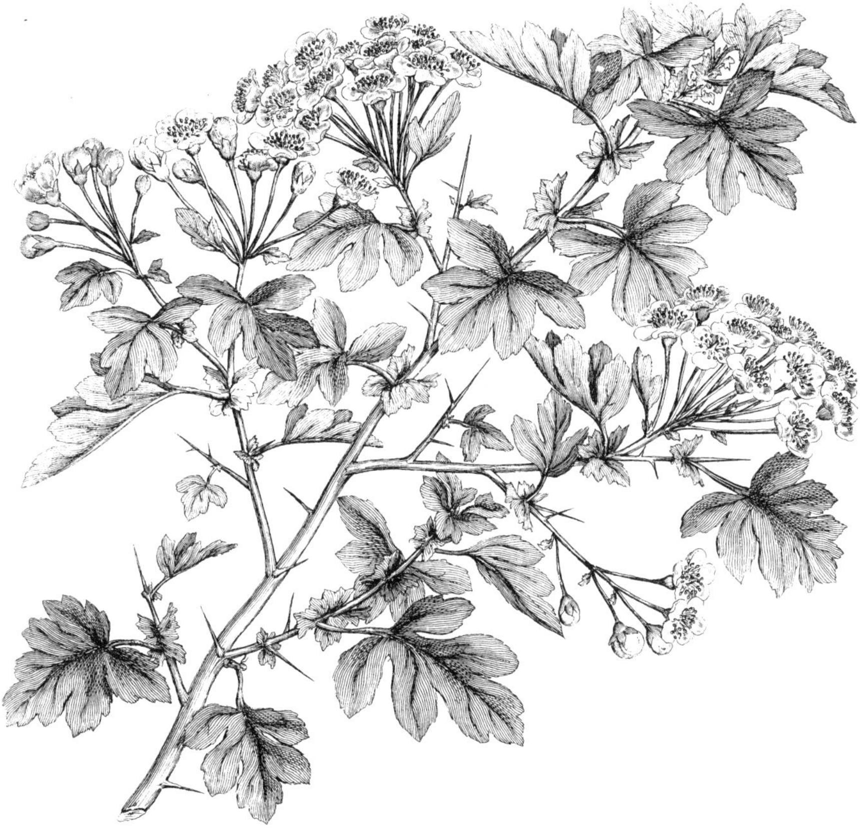

# クロサンザシ
(スピノサスモモ)

英名：blackthorn
学名：*Prunus spinosa*

　低木としてはおおきめで、5メートルほどに成長するものもある。イギリス全土で、森林の端や生け垣などに見られる。

　精力的に吸枝を出し、とげだらけの近寄りがたい茂みを作る。そのため、草食動物を寄せつけず、この生け垣に囲まれた動植物相を守ってくれる。

　生け垣用の植物としてはきわめて優秀だが、とげが刺さると化膿するおそれがある。冬にはイケガキセイヨウサンザシと間違われることが多いが、こちらの樹皮のほうがなめらかで、表面にできる溝も浅い。3月ごろ、冷たい東風が吹く最中に花を咲かせるため、この時期の寒波を"ブラックソーン・ウィンター（クロサンザシの冬）"と呼ぶ。小さな白い花に覆われる時期は幹が折れにくいため、生け垣の整形に適している。

　木材は、明るい色の辺材と紫がかった茶色の心材に分けられ、剥物加工されて熊手の歯や杖に利用される。暗藍色の実はスローと呼ばれ、ジャムや果実酒の原料になるとともに、安価なジンの風味づけにも使われる。

　薪の質はよく、かつてはこの粗朶で甘いパンを焼いていた。

35

# ヨーロッパカイドウ

英名：crab apple
学名：*Malus sylvestris*

　小型の木で、樹高は10メートル程度である。幅広い樹冠を形成し、灰褐色の樹皮は薄片となってはがれ落ちる。

　ピンク色がかった花は5月の終わりごろに咲き、黄みを帯びた赤色の小さな実が生る。実は堅くて渋いが、ゼリーやジャム、果実酒の原料になる。

　リンゴの祖先種だが、霜に強い矮性台木(接ぎ木した穂木の成長を押さえるための台木)として、現在もリンゴの園芸品種を接ぎ木するために利用される。生け垣にすればすぐに育ち、頻繁な刈り込みにも強い。ワイルドペア(1頁の前頁参照)同様バラの遠縁種であり、枝にとげがある。

　ヨーロッパカイドウとワイルドペアは、木材の特性も数多くの点で共通している。どちらも堅くて木目が細かく、高級刳物細工、木版、楽器など、さまざまな用途に利用される。そのままで彫刻用の木槌にもなる。

　どちらもいい香りを放つ薪になる。

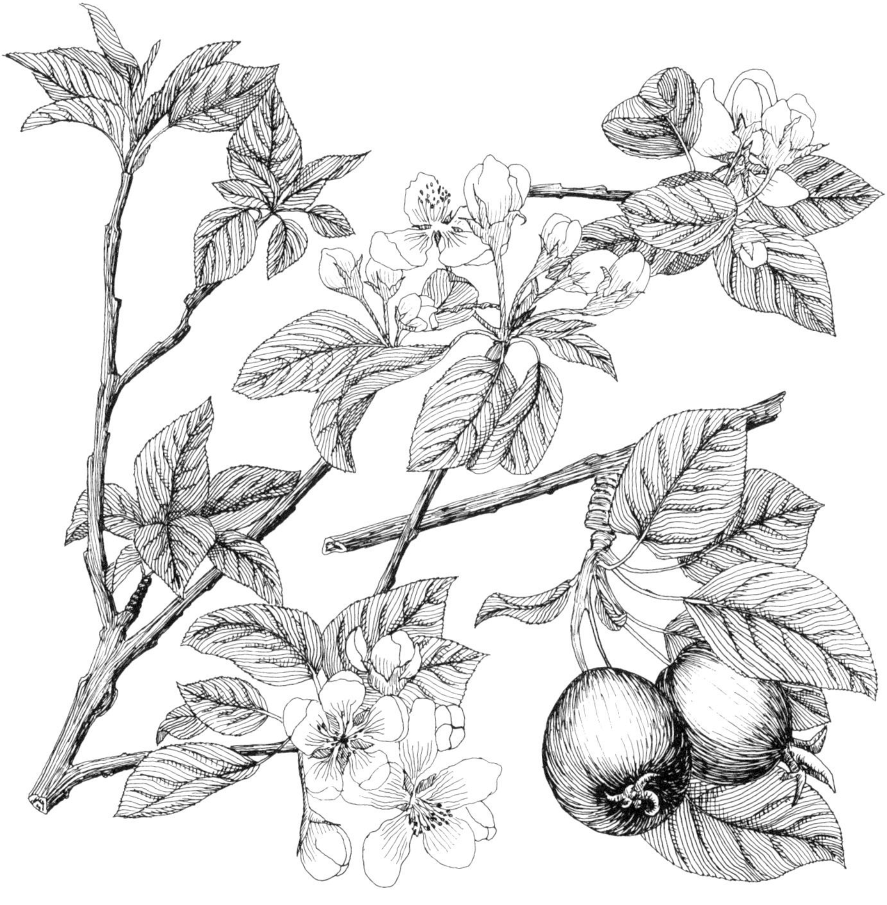

# セイヨウミザクラ

英名：cherry
学名：*Prunus avium*

　円錐形もしくは横幅の広い樹冠を形成する中型の木。一般的によく発達した幹を持ち、赤褐色の樹皮には艶がある。4月には白い花に覆われる。

　イギリス全土の森林に見られるが、北部ではエゾノウワミズザクラ *Prunus padus* に取って代わられつつある。驚くほど成長が早く、真っ直ぐに伸びる。そのため、木目が詰まって丈夫な、ピンク色がかった褐色の高級木材（ヨーロピアン・マホガニー）として珍重され、戸棚、喫煙用パイプ、楽器などの理想的な材料となる。大きなこぶのある幹は、色彩豊かな美しい刳物細工に重宝される。いずれも長持ちする。

　実はどちらかと言えば渋いが、食べられる。栽培もののサクランボは、この木に接ぎ木をして育てることが多い。萌芽更新は行われていないが、しきりに吸枝を伸ばし、再生能力は高い。

　薪としても優れ、いい匂いがする。

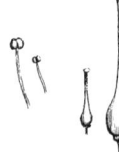

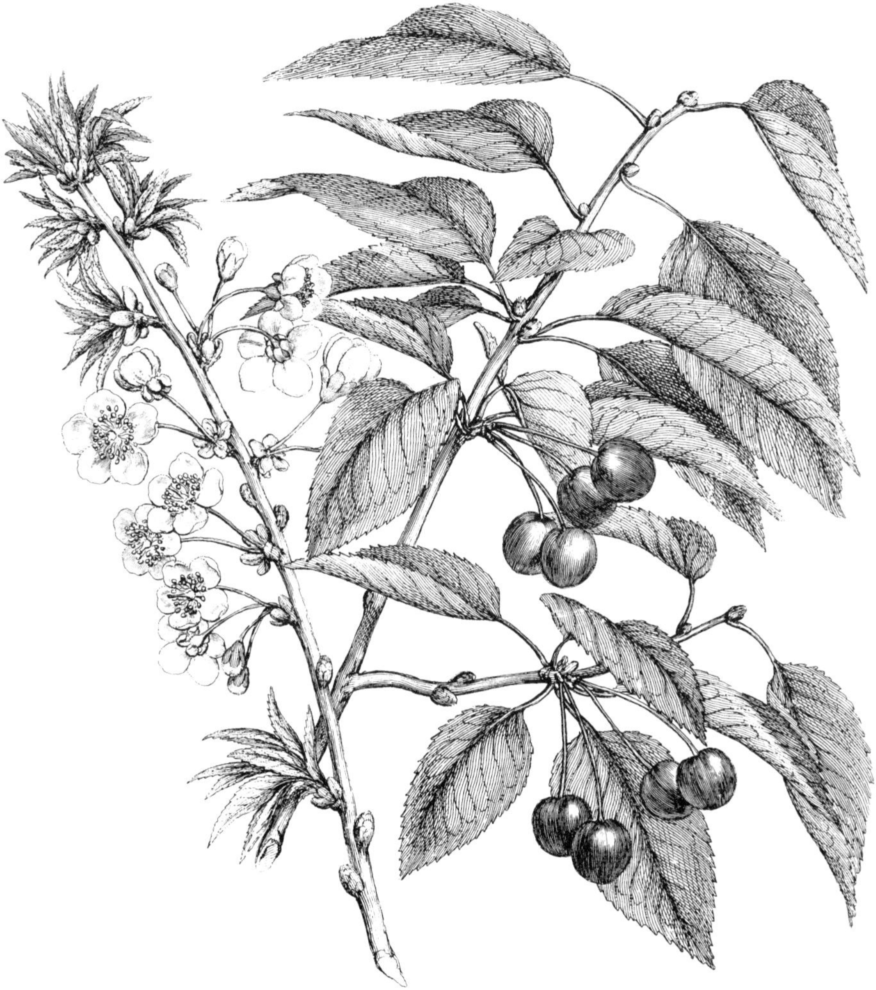

# セイヨウヤマハンノキ

英名：alder
学名：*Alnus glutinosa*

　イギリスの美しい川にはたいてい、丸い葉を茂らせるこの木が岸辺に生えている。湿った土壌で急速に成長し、瞬く間に土地の景観を一変させる。若木のうちから実をつけるため繁殖しやすい。

　樹液が赤く、血を連想させるため、かつてはこの木を切るのは縁起が悪いと考えられていた。それでも彫るのが容易なため、昔から刳物細工師や木靴職人に好まれた。枝や幹を切っても、切断したところから生えてきたばかりの若芽を草食動物から守ってやれば、精力的に再生する。

　水につけておいても腐らないため、橋や桟橋の杭にも使われる。

　木目が均一であり、完全に炭化できることから、良質の火薬の原料となった。船の大砲の射距離を40〜50メートル増すことができたという。

　よく乾燥させれば薪として使える。樹皮は、安価な黒い染料の原料となった。

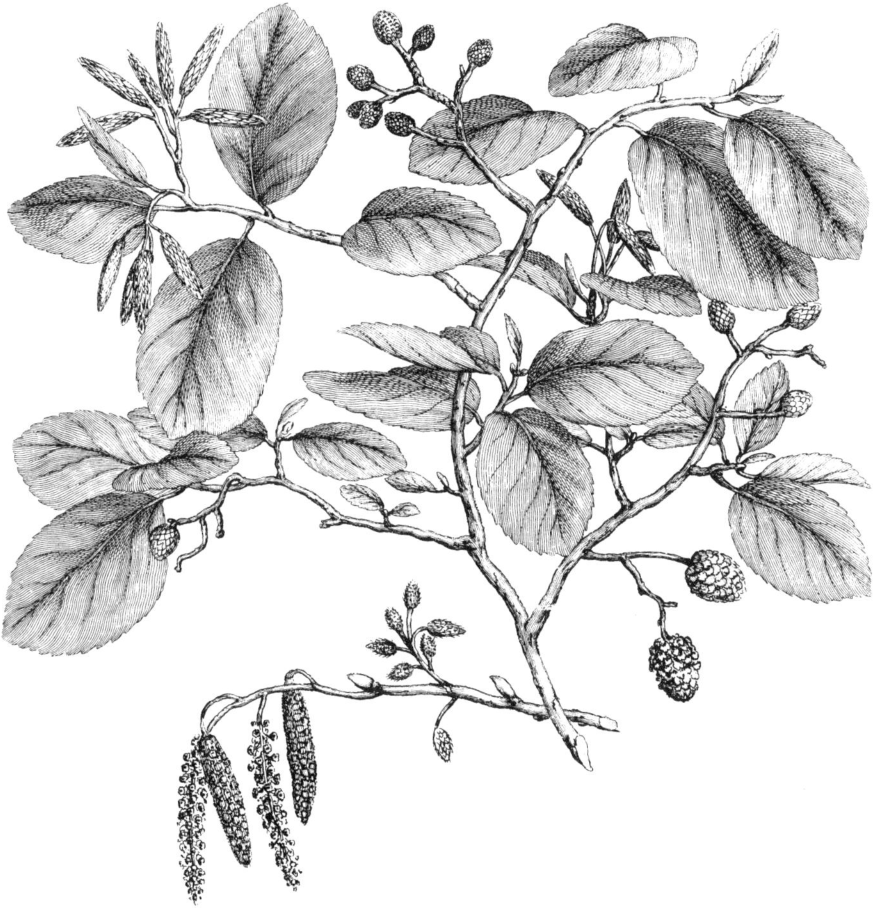

# クロヤマナラシ
(ヨーロッパクロヤマナラシ)

英名：black poplar
学名：*Populus nigra*

きわめて独特な姿をした希少種。遠くからでも容易に見分けがつくが、ほかのヤマナラシ属(ポプラ)の木と見間違えることも多い。川辺の草地に、しばしば傾いた形で自生している。樹高は30メートル以上、幹の直径は2メートルに達し、樹皮には深い溝がある。鬱蒼と茂る枝は、弧を描いて伸びる。

4月初めに葉をつける直前、雄株は"悪魔の指"と呼ばれる尾状花序(細い円筒状の花の集まり、右頁参照)の赤い花を咲かせる。この花を摘むのは縁起が悪いとされている。

豊富に実を結ぶが、もっとも効果的な繁殖方法は挿し木であり、もっと多くの挿し木が行われることが求められている。雌株の花には煩わしい綿毛がついている。そのため昔から雄株の挿し木ばかりが行われ、雌株が不足しているのである。

木材は軽く丈夫である。従来は荷馬車の底板の補強などに使われ、グロスターシャー州では納屋の建築資材として利用された。現在でも、棺や棚の板、玩具、合板、荷台、荷箱などに用いられる。

薪には不向きだが、木目が広く、パラフィンをよく吸収するため、マッチの軸木に適している。

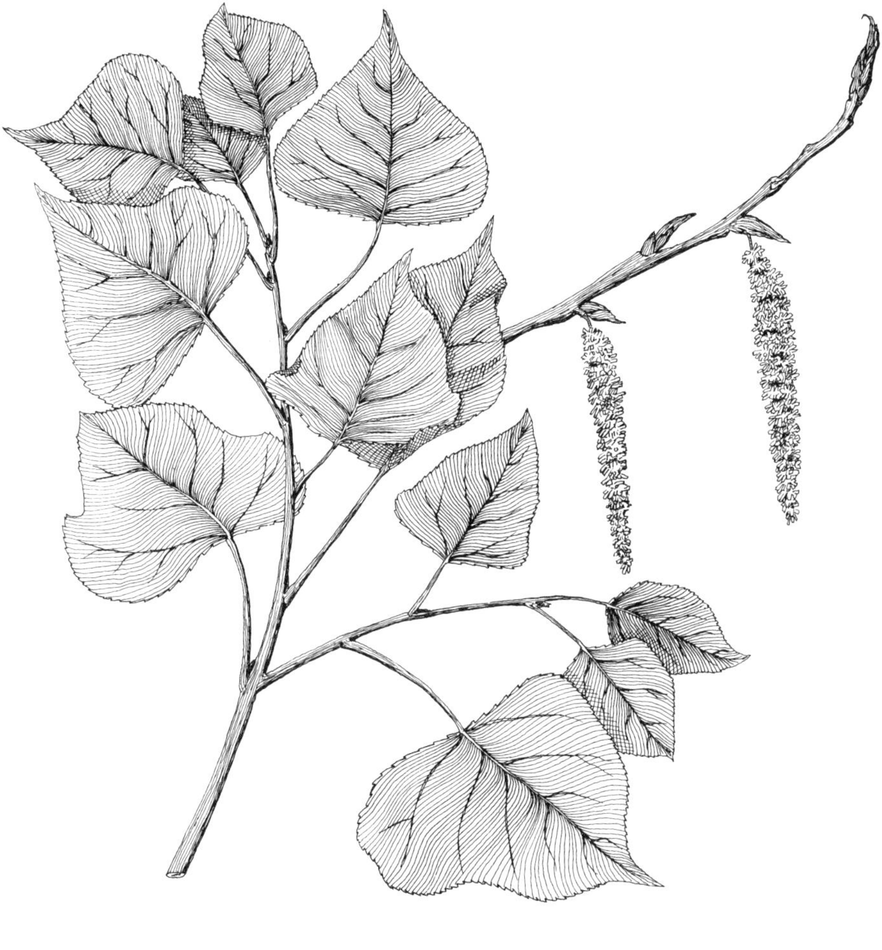

# ヨーロッパヤマナラシ

英名：aspen
学名：*populus tremula*

　弧木で見つかることはまれである。周囲にふんだんに吸枝を伸ばし、そこから新たな木を形成していくからだ。

　やや傾いた円錐形の樹冠を作るが、成木になると横に広がっていく。イギリス全土で見られるが、大規模に群生していることはない。春になると定期的に河川が氾濫するような場所を好む傾向がある。

「アスペン（ヨーロッパヤマナラシ）のように震える」という言葉があるが、これは、長い葉柄が平たくつぶれているため、少しの風でも葉がカサカサと揺れることに由来する。この木は、キリストがはりつけにされた十字架の材料に使われたとされており、やましさを感じて葉を震わせているようにも見える。

　かつては、質の悪い木材にしかならない木については、悪評を広めたほうが好都合だった。だからこの木も上記のように考えられたのだろう。実際この木材は、ゆがみやすく割れやすい。薪にしても、あっという間に燃え尽きてしまう。だが、春に採取した樹皮を煎じると薬効がある。

　秋には、琥珀色の葉が揺れる姿が美しく映える。

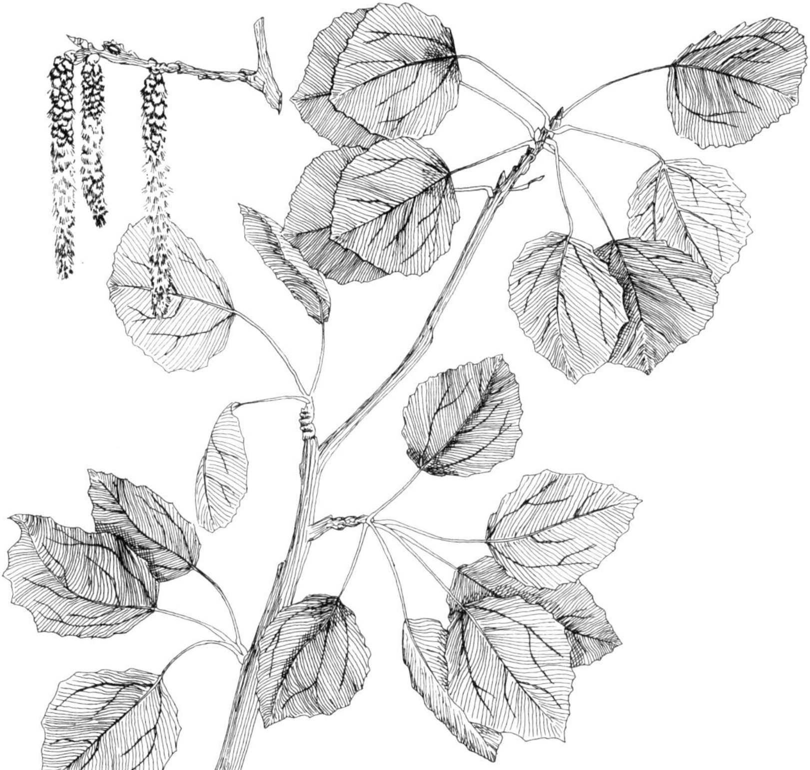

# ヨーロッパシロヤナギ／ポッキリヤナギ
（セイヨウシロヤナギ）

英名：willow
学名：*Salix alba/Salix fragilis*

　イギリスの自生種として知られる大型のヤナギには、主にこの2種類がある。もっとも一般的なのがヨーロッパシロヤナギである。ポッキリヤナギも川辺などでよく見かけ、枝の刈り込みなどを通じて利用されている。この2種は自然に交雑して繁殖するが、実際には、下の川の流れに枝を落とし、流れ着いた場所に根づくことで拡散していく。

　伐採したり枝を刈り込んだりして木材として使用する際には、多大な注意が必要となる。大きく育った木では、変な形に割れたり縮んだりすることがあるからだ。

　これまでは冬用の飼い葉、かご細工、柵の用材に使われていた。最近の交雑種は、バイオマス資源として注目されるとともに、汚水を浄化する効果があるとして大きな関心を集めている。草木を成形して製作する"生きた彫刻"と言われるアート作品の製作素材にも利用される。

　樹皮はかむと鎮痛効果がある。木炭は現在でも画家が描画に使用している。

　乾燥させた薪は明るく燃えるが、持続性はない。

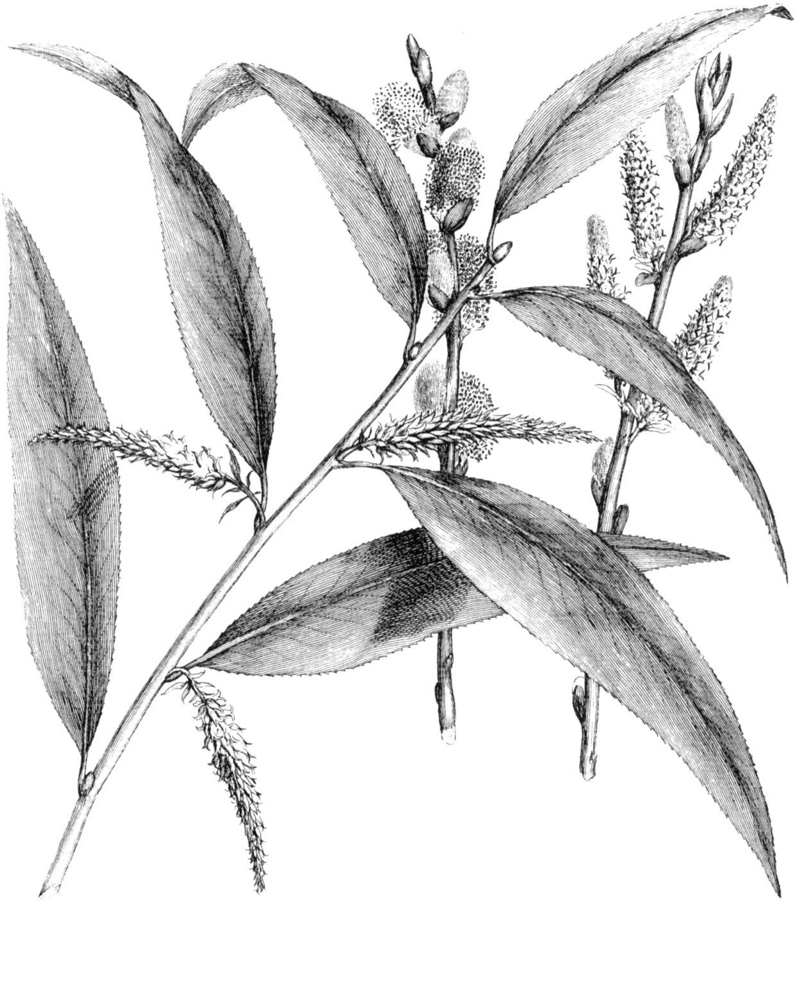

# バッコヤナギ／ハイイロヤナギ

英名：sallow
学名：*Salix caprea/Salix cinerea*

　小型のヤナギは、英語では一般的にサロー（あるいはサリー・ツリー）と呼ばれる。

　中でもよく知られているのが、バッコヤナギとハイイロヤナギである。いずれも、短い幹しかないか、根元から枝が広がっているかしており、通常は丸い樹冠を形成し、葉も丸みを帯びている。ほかのヤナギに比べ、森林や雑木林、生け垣に多く見られる。

　森林における先駆性樹種として重要であり、荒れ地でも瞬く間に群落を作り、数多くの動物にえさとして優れた葉を提供する。

　イギリスの自生種の中では寿命が短く、樹齢60年を超える木はまれである。だが萌芽更新を行えばそれ以上に長生きし、定期的に枝を刈り込めばさらに長生きする。

　プッシー・ウィローとも呼ばれ、春にはミツバチにその年最初のごちそうをもたらす。雄花は黄色の花束のように見える。

　木材は軽くて柔らかく、かつては洗濯ばさみ、くまでの歯、手斧の柄などに使われた。

　薪は乾燥させるとあっという間に燃え尽きてしまう。

49

# セイヨウヒイラギ

英名：holly
学名：*Ilex aquifolium*

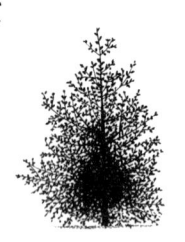

　十分な空間と光があれば、樹高25メートルほどの立派な木になることもあるが、一般的には森林の低層を構成する小型の木である。若木のうちは、幅の狭い円錐形の樹冠を形成するが、年を経るにつれて不均一に広がり、葉のとげも少なくなる。生け垣にもよく使われ、定期的に剪定をすれば、枝の密集した良質の生け垣ができる。

　5月に小さな花を咲かせ、11月にはなじみの赤い実が生る。豊作は厳しい冬の前触れと言い伝えられているが、決してそのようなことはなく、その年の夏の気候が申し分なかったというだけのことである。

　神聖視されたため、災難が降りかかることを恐れ、木こりがこの木に斧を入れることはなかった。だが頻繁な刈り込みに強く、再生してきた新芽は乗馬用のムチに使われた。冬場の飼い葉が足りない時には、飼い葉としても利用された。

　木材は白く目が詰まっており、小片にして彫刻、象嵌、木版に用いられる。

　乾燥させなくてもよく燃える。

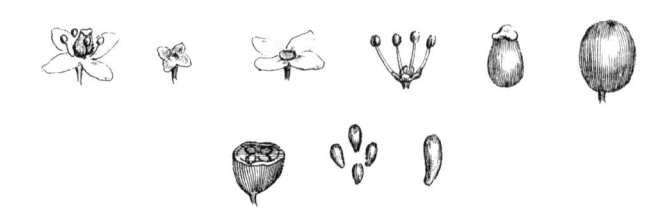

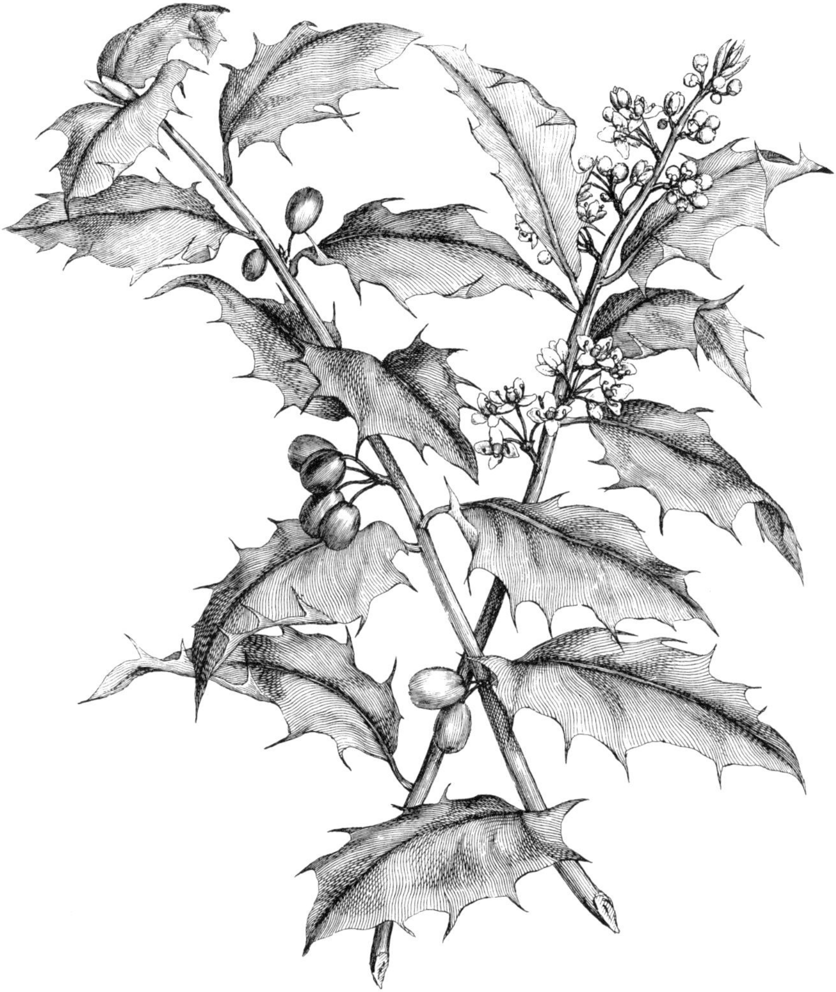

# ヨーロッパアカマツ

英名：Scots pine
学名：*Pinus sylvestris*

　氷河が後退した後、再びブリテン諸島に群生した唯一の大型針葉樹。現在は、大幅に縮小してしまった北部のカレドニア地方の森で自生している。

　イギリス全土に移植されて定着し、その大きさ、独特の姿、上部のオレンジ色の樹皮、常緑の針葉、褐色の球果などで、イギリスの景観に欠かせない樹木となった。これほどの広まりを見せたのは、ひどいやせ地でも力強く成長する生命力があったうえ、丈夫だが柔らかく、加工しやすい良質の木材になるからである。

　樹脂からはテレビン油が採れる。船の帆柱に使われたほか、伐採後すぐに製材すれば、優れた建築用木材になる。かつては月が欠けていく時期には伐採しないようにしていた。その時期には樹脂の成分が変わり、腐りやすくなると言われていたからだ。

　香りがさわやかで、若芽を煮沸した蒸気は、気管支の鬱血を和らげる効果があるという。樹脂から精製したテレビン油もまた、さまざまな治療薬に含まれている。

　乾燥させた薪はよく燃えるが、ひどく爆ぜる。

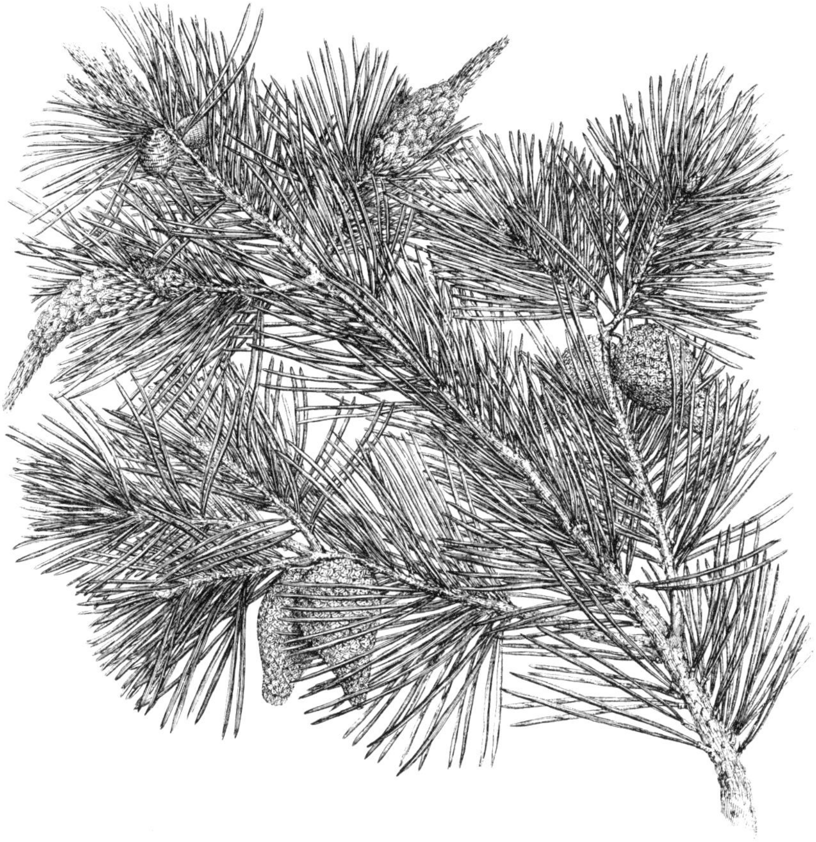

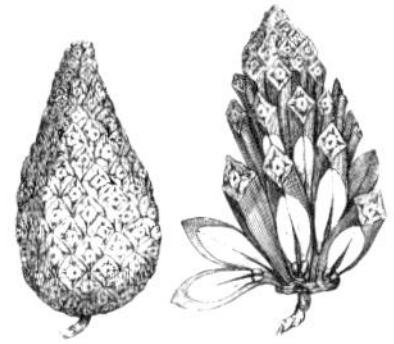

# セイヨウネズ

英名：juniper
学名：*Juniperus communis*

　イギリスに自生する針葉樹の1種。南部では白亜質の草丘やヨーロッパブナの森林地帯に、もう少し北では石灰石質の荒れ地に生えている。スコットランドでは、酸性土壌のヨーロッパアカマツの森林地帯に繁茂している。

　低木に分類されることが多く、若木のうちは円錐形の樹冠を形成するが、年を経るにつれて不均一に広がっていく。赤い幹、暗い色合いの針葉、濃い藍色の実が特徴的で、樹高は10メートル以上に及ぶこともあるが、成長はきわめて遅い。非常に長い寿命を誇る。

　よく知られている実は、松ぼっくりなどと同じ球果で、成熟するのに2年かかる。調味料のほか、ジンの風味づけに利用される。樹皮や実には薬効があり、気つけ薬や神経興奮剤になる。

　よく乾燥させた薪はほとんど煙を出さないため、スコットランドの高地地方では蒸留酒を密造する際に密かに用いられた。古くからハロウィーンでは、魔よけと称してこの木を燃やす習慣があった。

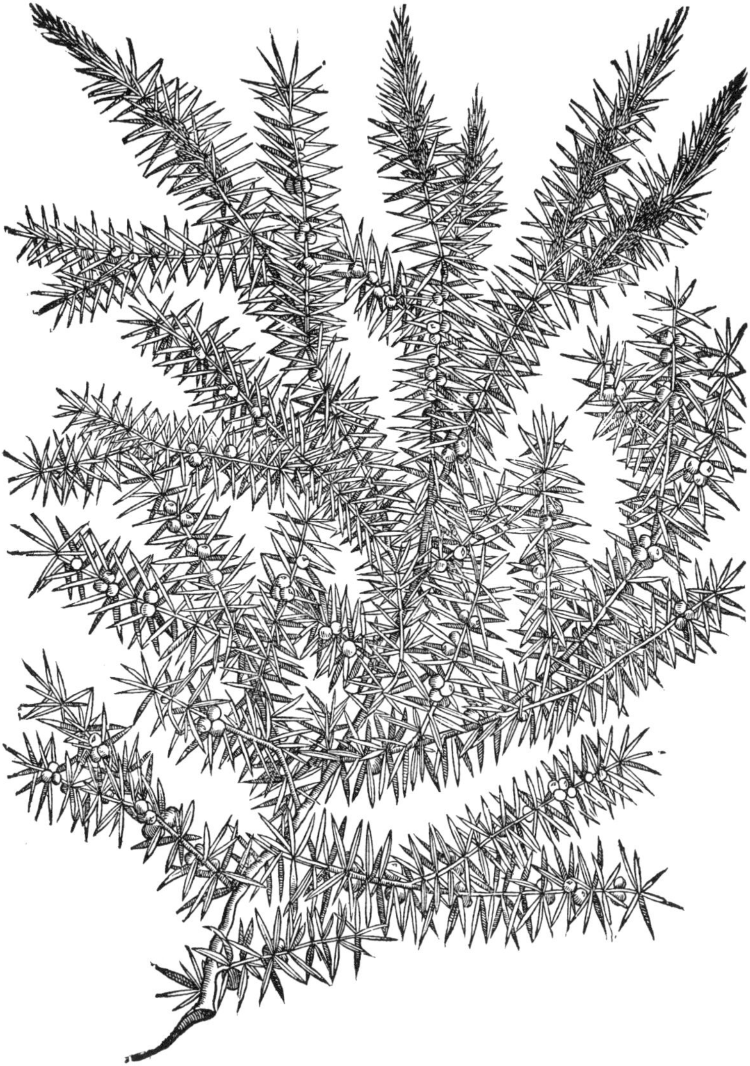

# ヨーロッパイチイ

英名：yew
学名：*Taxus baccata*

　イギリスではもっとも古くから存在し、しばしば神秘化・神聖化される。ポーイス州ディスコイドにある木は、樹齢5000年を超えると言われている。樹高は20メートルに及ぶこともあるが、成長はきわめて遅い。ただし生け垣にすれば、ほかの樹種と同等の速さで密度の濃い垣根を形成する。

　セイヨウキヅタを除き、この木の陰では何も育たない。ほとんどの部分に毒があるので、家畜農家に嫌われている。小さな赤い実の果肉は食べられるが、黒い種子は有毒である。

　森林に自生しているほか、幅広く植樹されている。教会の庭によく雄株・雌株が見られるが、これは、この木のある場所に教会が建てられたという場合が多い。

　古くは長弓の製造に、その後は高級家具の材料として乱伐されたため、良質の木材になりそうな木はもはや残っていない。だが現在でも、ねじ曲がり節くれだった木から、職人が称賛すべき製品を作り上げている。

　木目が詰まっており、薪にすれば石炭並みに燃える。

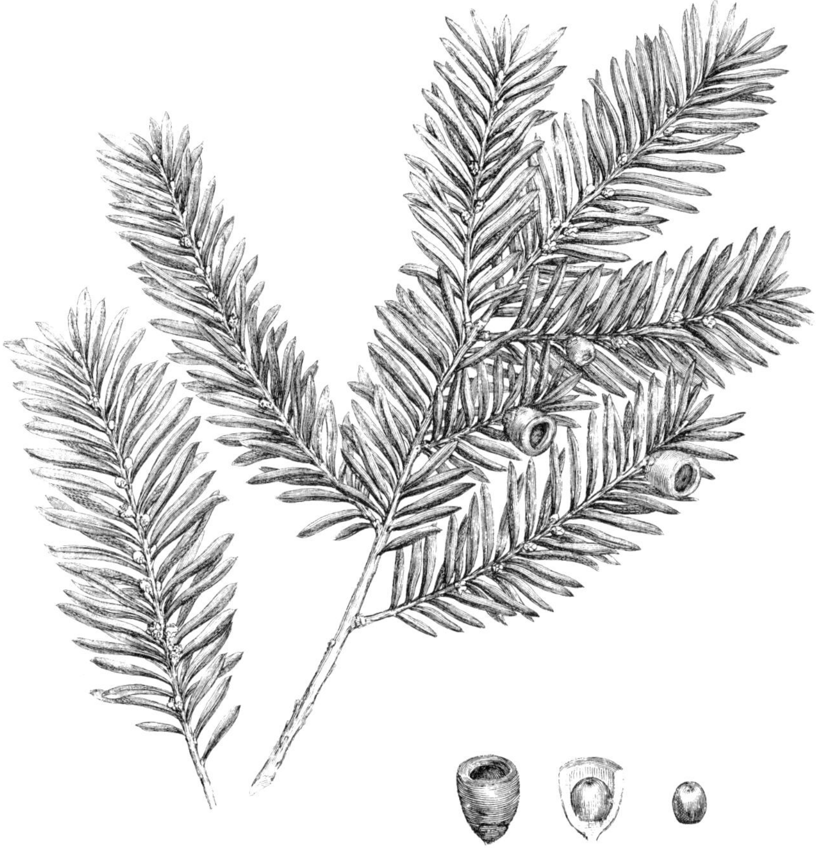

著者 ● アンディ・トンプソン
樹木医で、森を愛する森林生活の達人。ウェールズとイングランドの境界に生まれる。

訳者 ● 山田美明（やまだ よしあき）
英仏翻訳家。主な訳書に『ハーモノグラフ』『ケルト、神々の住む聖地』（本シリーズ）、『大戦前夜のベーブ・ルース』（原書房）など。

イギリスの美しい樹木　魅力あふれる自生の森
2014年3月10日第1版第1刷発行

| | |
|---|---|
| 著　者 | アンディ・トンプソン |
| 訳　者 | 山田 美明 |
| 発行者 | 矢部 敬一 |
| 発行所 | 株式会社 創元社 |
| | http://www.sogensha.co.jp/ |
| 本　社 | 〒541-0047 大阪市中央区淡路町4-3-6 |
| | Tel.06-6231-9010　Fax.06-6233-3111 |
| | 東京支店 |
| | 〒162-0825 東京都新宿区神楽坂4-3 煉瓦塔ビル |
| | Tel.03-3269-1051 |
| 印刷所 | 図書印刷株式会社 |
| 装　丁 | WOODEN BOOKS／相馬 光（スタジオピカレスク） |

©2014 Printed in Japan
ISBN978-4-422-21465-8 C0345

＜検印廃止＞落丁・乱丁のときはお取り替えいたします。
JCOPY ＜(社)出版者著作権管理機構 委託出版物＞
本書の無断複写は著作権法上での例外を除き禁じられています。複写される場合は、そのつど事前に、(社)出版者著作権管理機構（電話 03-3513-6969、FAX 03-3513-6979、e-mail: info@jcopy.or.jp）の許諾を得てください。